Ruby Jindal

As Crónicas do Calor: Explorando um mundo em chamas

Ruby Jindal

As Crónicas do Calor: Explorando um mundo em chamas

ScienciaScripts

As Crónicas do Calor: Explorando um mundo em chamas

Prefácio

Nos anais da história humana, há momentos que definem gerações - momentos em que o curso da civilização está em jogo, à beira de uma mudança irrevogável. O aumento da temperatura, como um espetro sinistro, paira na nossa consciência colectiva, lançando uma sombra sobre o mundo tal como o conhecemos.

No momento em que nos encontramos no precipício de uma nova era, é impossível ignorar os sinais de um planeta em perigo. Desde o derretimento das calotas polares até aos incêndios florestais, o estado febril da Terra serve para nos recordar a nossa própria vulnerabilidade e a fragilidade dos ecossistemas que nos sustentam.

"The Heat Chronicles" é uma viagem a este admirável mundo novo - um mundo onde a temperatura sobe dia após dia, empurrando a humanidade para a beira do desastre. Através dos olhos das nossas personagens, testemunhamos o custo humano das alterações climáticas, desde comunidades deslocadas a espécies em vias de extinção, sendo cada história um lembrete pungente dos riscos que estão em jogo.

Mas no meio do caos e do desespero, há também resiliência e esperança. Dos corredores da ciência às ruas do ativismo, indivíduos e comunidades estão a enfrentar o desafio, ousando imaginar um futuro em que a humanidade e a natureza coexistam em harmonia.

Nestas páginas, exploramos as inúmeras dimensões da crise climática, desde as suas causas profundas até às suas consequências de longo alcance. Confrontamo-nos com verdades incómodas e lidamos com questões complexas, sabendo que só encarando-as de frente é que podemos esperar encontrar soluções.

Por

Dr. Ruby Jindal

(Universidade K.R.Mangalam, Gurugram)

Capítulo 1: O Despertar

No capítulo de abertura de "The Heat Chronicles", somos apresentados a um mundo à beira da transformação - um mundo onde o aumento gradual da temperatura começou a lançar uma longa sombra sobre a vida quotidiana. O capítulo funciona como um prólogo, preparando o terreno para o drama que se desenrola e apresentando-nos as personagens centrais cujas vidas se cruzarão à medida que a história se desenrola.

1.1 A mudança silenciosa:

No capítulo de abertura de "As Crónicas do Calor", a narrativa desenrola-se tendo como pano de fundo um mundo em mudança, onde a marcha implacável do aumento das temperaturas começou a remodelar o próprio tecido da existência. Através de uma narrativa rica e envolvente, os leitores são transportados para diversos cantos do globo, desde a vastidão gelada do Ártico até às ruas movimentadas das metrópoles urbanas, onde os efeitos das alterações climáticas se fazem sentir intensamente.

A atmosfera está carregada de uma sensação de mau presságio, uma vez que as mudanças subtis nos padrões climáticos e nos fenómenos naturais indiciam a profunda transformação em curso. Os glaciares, outrora monumentos imponentes de gelo, recuam agora a um ritmo alarmante, deixando para trás cicatrizes na paisagem que testemunham que séculos de estabilidade se desfizeram em meras décadas. As calotas polares diminuem sob o ataque implacável de um planeta em aquecimento, sendo o seu desaparecimento um prenúncio da subida do nível do mar e do espetro de comunidades costeiras engolidas pela maré invasora.

Neste cenário de convulsão planetária, somos apresentados aos nossos protagonistas - indivíduos cujas vidas estão inextricavelmente

5

ligadas ao destino do mundo que os rodeia. Desde Maya, a apaixonada cientista ambiental cuja incansável investigação sobre o recuo dos glaciares serve como uma metáfora pungente da luta da humanidade contra as forças da natureza, até Raj, o estoico agricultor cujas terras ancestrais suportam o peso dos padrões meteorológicos erráticos e das estações de crescimento inconstantes, cada personagem oferece uma perspetiva única sobre a experiência humana num clima em mudança.

À medida que o capítulo se desenrola, o leitor é atraído mais profundamente para as vidas destes protagonistas, com as suas lutas e triunfos pessoais a servirem de microcosmos da narrativa mais vasta que se desenrola à escala global. Através dos seus olhos, testemunhamos os momentos calmos de introspeção e o despertar gradual para as realidades de um mundo em transição. Para Maya, é a constatação de que o trabalho da sua vida pode ser uma tentativa fútil de conter a maré de destruição ambiental. Para Raj, é a incerteza de um futuro incerto, onde as tradições das gerações passadas oferecem pouco consolo diante de um amanhã incerto. E para Javier, é a compreensão de que as histórias que persegue como jornalista não são apenas manchetes, mas um apelo à ação face a uma catástrofe iminente.

À medida que se prepara o cenário para a viagem que se segue, o leitor fica com uma sensação de trepidação e antecipação, sabendo que o destino dos nossos protagonistas está inexoravelmente ligado ao destino do próprio planeta. Neste capítulo inicial, são lançadas as sementes da mudança, preparando o terreno para a história épica de resiliência, adaptação e esperança que ainda está para se desenrolar.

1.2 Conheça os Protagonistas:

Na paisagem turbulenta de um mundo em transição, os nossos protagonistas emergem como faróis de resiliência e determinação, com as suas vidas entrelaçadas por um fio condutor comum que é lidar com as implicações de um planeta em crise.

Maya, a jovem cientista ambiental, está na linha da frente da batalha contra as alterações climáticas. Com uma dedicação inabalável, ela dedica os seus dias ao estudo meticuloso dos glaciares em declínio dos Himalaias, movida por uma profunda reverência pelo mundo natural e por um sentido de responsabilidade profundamente enraizado para o proteger. À medida que se debruça sobre os dados e efectua pesquisas no terreno, a paixão de Maya pelo seu trabalho só é igualada pelo seu crescente sentido de urgência. A cada dia que passa, as provas da degradação ambiental aumentam, alimentando a sua determinação em descobrir a verdade e defender uma ação significativa.

Raj, um agricultor na Índia rural, personifica o impacto na linha da frente das alterações climáticas nos meios de subsistência humanos. Durante gerações, a sua família cuidou das terras férteis do seu lar ancestral, retirando o seu sustento dos ritmos da natureza e da generosidade da terra. Mas à medida que a mudança dos padrões climáticos perturba as épocas de cultivo tradicionais e introduz novos desafios à agricultura, Raj vê-se a braços com uma crise que atinge o âmago da sua identidade. A cada colheita fracassada e ameaça de seca, ele é forçado a confrontar-se com as duras realidades de um mundo em fluxo, onde as tradições do passado oferecem pouco consolo diante de um futuro incerto.

Entretanto, na agitada metrópole, Javier, um jornalista com um olho afiado para descobrir a verdade, vê-se atraído pelas histórias de injustiça ambiental e resiliência humana que povoam as ruas da cidade. Através das suas reportagens, testemunha o fardo desigual das alterações climáticas, onde as comunidades marginalizadas suportam o peso da degradação ambiental, enquanto os interesses poderosos lucram com a exploração e a negligência. No entanto, no meio do desespero, Javier encontra esperança no coro crescente de vozes que exigem ação, os seus apelos à justiça e à responsabilização ecoam na paisagem urbana e inspiram-no a lançar luz sobre as questões que mais importam.

À medida que Maya, Raj e Javier percorrem os seus respectivos caminhos, as suas vidas cruzam-se de formas inesperadas, forjando laços de solidariedade e objectivos comuns perante a adversidade. Juntos, personificam a resiliência do espírito humano e o poder da ação colectiva, servindo como faróis de esperança num mundo à beira da transformação.

1.3 O despertar da consciência:

Nesta secção crucial do capítulo, o leitor assiste ao despertar gradual dos nossos protagonistas para as duras realidades de um mundo em mudança. Maya, de sobrolho franzido e olhar determinado, mergulha profundamente no domínio das imagens de satélite e dos modelos climáticos. A sua análise meticulosa revela a dura verdade de que os glaciares estão a recuar a um ritmo alarmante, a sua antiga majestade a ceder à marcha implacável das alterações climáticas. Com cada imagem pixelizada e ponto de dados, a preocupação de Maya aumenta, a sua investigação científica dá lugar a um profundo sentido de responsabilidade para proteger os frágeis ecossistemas a que dedicou a sua vida a estudar.

Entretanto, Raj confronta-se com as ramificações de um clima em mudança a um nível profundamente pessoal. Os campos outrora férteis, outrora repletos de vida e promessas, estão agora ressequidos e estéreis sob o olhar inflexível do sol. Ao observar a terra rachada e as colheitas murchas, uma sensação de desespero apodera-se dele - uma perceção de que os ritmos da natureza em que outrora confiava já não são guias fiáveis num mundo desordenado pela loucura humana. No entanto, no meio do desespero, brilha um vislumbre de determinação - uma resolução para se adaptar e resistir, custe o que custar.

Na expansão urbana, as investigações de Javier conduzem-no por um caminho labiríntico de corrupção e ganância. Através de uma persistência obstinada e de um faro para desvendar verdades ocultas, ele desvenda as camadas de engano que encobrem os verdadeiros factores de degradação ambiental e desigualdade social. Desde os negócios de bastidores até às falcatruas das empresas, Javier descobre uma teia de cumplicidade que enreda tanto os poderosos como os marginalizados. E, no entanto, no meio da escuridão, brilha um farol de esperança - um coro crescente de vozes que exigem responsabilidade e justiça, e os seus apelos à mudança reverberam na selva de betão.

Apesar de os seus caminhos ainda não se terem cruzado, Maya, Raj e Javier estão unidos por um sentimento crescente de inquietação - uma suspeita persistente de que o aumento da temperatura é mais do que uma tendência passageira, mas um prenúncio de uma mudança cataclísmica. À medida que se debatem com as implicações de um mundo em fluxo, são inexoravelmente atraídos para um destino comum - um futuro definido pelas escolhas que fazem e pelas acções que tomam perante a incerteza.

1.4 Um mundo no limite:

Quando o capítulo chega ao fim, o leitor fica com uma sensação palpável de mal-estar - um sentimento de que o mundo, tal como o conhecemos, está à beira de um precipício. O aumento da temperatura, outrora uma ameaça distante, tornou-se uma realidade sempre presente, lançando um manto sobre a paisagem e não deixando nenhum canto intocado pelo seu alcance. No entanto, no meio da incerteza e do medo, há também momentos de ligação e solidariedade que sugerem a resiliência do espírito humano.

No meio do tumulto, Maya, Raj e Javier preparam-se para embarcar nas suas respectivas missões, unidos por um objetivo comum: enfrentar a subida da temperatura e os desafios que ela traz. Embora o caminho à frente esteja repleto de perigos, eles não se deixam intimidar, sabendo que o destino do planeta está em jogo. Enquanto se encontram no limiar de uma nova era, estão cheios de um sentido de determinação - uma resolução para forjar um caminho para a frente, independentemente dos obstáculos que se encontrem no seu caminho.

Ao cair do pano neste capítulo de abertura, o palco está montado para a viagem que se segue - uma viagem marcada por dificuldades e adversidades, mas também por momentos de triunfo e esperança. Para Maya, Raj e Javier, o momento de agir é agora, pois o aumento da temperatura não espera por ninguém e o destino do planeta está em jogo.

Capítulo 2: Um planeta em crise

À medida que o mercúrio continua a sua subida implacável, lançando um calor abrasador sobre a Terra, os cientistas de todo o mundo vêem-se envolvidos numa corrida contra o tempo. Neste capítulo, mergulhamos no coração da crise, descascando as camadas de complexidade para descobrir a teia interligada de factores ambientais, sociais e económicos que alimentam a febre do planeta.

2.1 Desvendar o mistério:

Na vanguarda da comunidade científica, uma rede global de investigadores embarca numa missão monumental para decifrar o enigma da escalada da temperatura da Terra. Armados com um arsenal de tecnologia de ponta e apoiados por décadas de investigação meticulosa, embarcam numa busca incessante de compreensão.

Desde os extensos centros de investigação aninhados em corredores académicos até às estações de campo improvisadas nas margens de paisagens inóspitas, cientistas de todas as disciplinas unem-se numa missão partilhada. Examinam as imagens de satélite com um olhar de águia, procurando em cada pixel sinais reveladores de mudança. Os modelos climáticos são dotados de poder computacional, simulando interacções complexas entre gases atmosféricos, correntes oceânicas e superfícies terrestres, numa tentativa de prever a trajetória futura do clima do planeta.

Nos confins remotos da Antárctida, os investigadores enfrentam temperaturas de gelar os ossos e ventos uivantes para estudar em primeira mão o derretimento das calotas polares. Armados com núcleos de gelo perfurados no coração de antigos glaciares, desvendam os segredos do passado climático da Terra, construindo uma narrativa de eras passadas. No entanto, mesmo quando testemunham o rápido recuo de gelos que se mantiveram durante milénios, mantêm-se firmes no seu empenho em descobrir a verdade.

Mais perto do equador, nas paisagens áridas do Sahel, os cientistas debatem-se com as duras realidades de um clima em mudança. Estações de campo poeirentas fervilham de atividade enquanto os investigadores recolhem amostras de solo, monitorizam os padrões meteorológicos e acompanham a migração de espécies outrora resistentes que lutam para sobreviver num ambiente cada vez mais hostil. Cada ponto de dados é uma peça do puzzle, uma pista na tentativa de compreender a intrincada teia de factores que conduzem ao estado febril do planeta.

À medida que o capítulo se desenrola, as provas tornam-se claras: a Terra está a atravessar uma crise sem precedentes. O derretimento das calotas polares, as paisagens ressequidas, os padrões climáticos erráticos - tudo isto são sintomas de um planeta em perigo, que clama por compreensão e ação. No entanto, no meio do caos, há também esperança - um farol de resiliência que brilha perante a incerteza. Enquanto houver cientistas dispostos a enfrentar o desconhecido, armados apenas com curiosidade e determinação, continua a existir a possibilidade de desvendar os mistérios do nosso mundo em mudança.

2.2 Os culpados:

Na sua incansável busca de respostas, os cientistas descobrem uma multiplicidade de culpados responsáveis por levar a Terra a este estado febril. O principal desses perpetradores é a presença insidiosa das emissões de carbono, um subproduto tóxico de séculos de industrialização descontrolada e de consumo incessante de combustíveis fósseis. O dióxido de carbono, juntamente com outros gases com efeito de estufa, actua como um cobertor térmico que envolve o planeta, retendo o calor e intensificando o efeito de estufa que aquece a superfície da Terra a níveis alarmantes.

As raízes desta crise são profundas, enredadas na intrincada teia da atividade humana que se estende por continentes e séculos. A queima incessante de combustíveis fósseis - carvão, petróleo e gás natural - libertou uma torrente de dióxido de carbono na atmosfera, alimentando as chamas das alterações climáticas com cada sopro de fumo e arroto de escape. Desde as imponentes chaminés das centrais eléctricas até aos tubos de escape dos automóveis e camiões, as impressões digitais da indústria humana estão gravadas no próprio tecido da atmosfera da Terra.

Mas as emissões de carbono são apenas a ponta do icebergue do degelo. Os cientistas também identificam a desflorestação como um fator-chave na situação febril do planeta. A destruição desenfreada das florestas para a produção de madeira, a agricultura e a expansão urbana não só priva a Terra de sumidouros de carbono vitais, como também liberta carbono armazenado na atmosfera, agravando ainda mais a crise climática. À medida que as árvores caem e os ecossistemas se desmoronam, o delicado equilíbrio da vida na Terra é posto em causa, deixando um rasto de devastação.

A agricultura industrial também tem a sua quota-parte de responsabilidade na condução da Terra para a beira do abismo. O cultivo intensivo de colheitas e de gado para consumo em massa tem um pesado custo para o ambiente, desde a desflorestação desenfreada de habitats intocados até à utilização desenfreada de fertilizantes químicos e pesticidas que envenenam a terra e os cursos de água. À medida que as monoculturas se estendem até onde a vista alcança e as explorações agrícolas industriais produzem fluxos intermináveis de gado, o planeta geme sob o peso do apetite insaciável da humanidade pelo crescimento.

A urbanização, a marcha incessante do betão e do aço sobre a paisagem, completa o quarteto de culpados pela crise climática. À medida que as cidades crescem e as populações aumentam, a procura de energia, recursos e terras dispara, colocando uma pressão sem precedentes sobre os recursos finitos do planeta. Desde os subúrbios em expansão até aos arranha-céus imponentes, as áreas urbanas tornam-se focos de consumo e desperdício, alimentando o ciclo de degradação ambiental e desigualdade social.

No final, a verdade é clara: o estado febril da Terra não é um fenómeno natural, mas um desastre de proporções épicas provocado pelo homem. Das emissões de carbono à desflorestação, à agricultura industrial e à urbanização, a humanidade é acusada de crimes contra o planeta, crimes que ameaçam alterar irreversivelmente o curso da história. No entanto, no meio da escuridão, resta um vislumbre de esperança - uma hipótese de redenção, se tivermos a coragem de enfrentar a verdade e agir antes que seja tarde demais.

2.3 A Web Interligada:

À medida que os tentáculos da crise climática penetram cada vez mais profundamente no tecido da sociedade, torna-se cada vez mais claro que os seus impactos se estendem muito para além do domínio da degradação ambiental. Na verdade, a crise entrelaça-se com factores sociais e económicos para criar uma tempestade perfeita de disfunção sistémica, lançando uma sombra de incerteza sobre as vidas de milhões de pessoas.

Entre os mais vulneráveis à devastação das alterações climáticas encontram-se as comunidades indígenas, cuja profunda ligação à terra as torna particularmente susceptíveis às suas perturbações. A deslocação torna-se uma dura realidade quando a subida do nível do mar e os fenómenos meteorológicos extremos obrigam estas comunidades a abandonar as suas terras ancestrais, roubando-lhes o seu património cultural e o seu modo de vida tradicional. A perda é incomensurável, uma vez que séculos de sabedoria e de gestão são arrastados pela maré de destruição ambiental.

No entanto, as consequências das alterações climáticas não estão confinadas às margens da sociedade. De facto, elas repercutem-se em todos os cantos do globo, amplificando as desigualdades existentes e exacerbando as tensões sociais. À medida que o nível do mar sobe e as comunidades costeiras são inundadas, a divisão entre os que têm e os que não têm aumenta, alimentando o ressentimento e a agitação entre os que ficam para trás. Entretanto, os fenómenos meteorológicos extremos causam estragos nas infra-estruturas e nos meios de subsistência, deixando as populações vulneráveis ainda mais expostas à exploração e ao abuso.

No centro desta teia interligada de injustiça social e ambiental está a dura realidade da disparidade económica. Os menos responsáveis pelo aparecimento das alterações climáticas suportam frequentemente o peso dos seus impactos, enquanto os que lucram com a sua perpetuação permanecem isolados das suas consequências. À medida que as empresas multinacionais continuam a explorar os recursos naturais para obterem lucros, o fosso entre ricos e pobres aumenta, alimentando um ciclo de desigualdade que ameaça destruir a sociedade pelas costuras.

Face a estes desafios, a necessidade de ação torna-se cada vez mais urgente. Já não basta tratar os sintomas das alterações climáticas; temos também de enfrentar os factores sociais e económicos subjacentes que perpetuam o seu ciclo de destruição. Só reconhecendo a interligação destas questões é que podemos esperar forjar um caminho para o futuro - um caminho que dê prioridade à justiça, à equidade e à sustentabilidade para todos. Porque, no fim de contas, o destino do planeta está indissociavelmente ligado ao destino dos seus habitantes e só trabalhando em conjunto podemos ter esperança de construir um futuro que valha a pena herdar.

2.4 Vozes da discórdia:

No meio do caos e da incerteza, ergue-se um coro de discórdia, desafiando o status quo e exigindo ação face à catástrofe iminente. De activistas de base a estimados cientistas laureados com o Prémio Nobel, vozes de todos os cantos do globo unem-se num retumbante apelo à mudança.

Ao nível das bases, as comunidades na linha da frente da crise climática recusam-se a ser silenciadas. Desde activistas indígenas que defendem as suas terras ancestrais a jovens organizadores que se mobilizam pela justiça climática, as pessoas comuns erguem-se para exigir responsabilidades aos detentores do poder. Através de protestos, greves e actos de desobediência civil, amplificam as suas vozes, recusando-se a aceitar o status quo e insistindo num futuro melhor para todos.

A par destes movimentos de base, uma coligação cada vez maior de cientistas e especialistas contribui com os seus conhecimentos para a causa. Os laureados com o Prémio Nobel e os investigadores mais conceituados utilizam a sua credibilidade e autoridade para fazer soar o alarme sobre as alterações climáticas, emitindo avisos terríveis sobre as consequências iminentes da inação. Através de artigos de investigação, palestras públicas e aparições nos meios de comunicação social, chamam a atenção para a urgência da crise, exortando os decisores políticos e o público em geral a tomarem medidas decisivas antes que seja tarde demais.

No entanto, apesar do crescente ímpeto de mudança, os interesses enraizados e a inércia política ameaçam fazer descarrilar os esforços para enfrentar a crise de frente. As empresas de combustíveis fósseis, os lobistas industriais e outros actores poderosos exercem a sua influência para minar o progresso e proteger os seus lucros a qualquer custo. Entretanto, políticos míopes dão prioridade aos ganhos imediatos em detrimento da sustentabilidade a longo prazo, perpetuando um ciclo de inação que ameaça condenar as gerações futuras a um planeta devastado pelo caos climático.

À medida que o capítulo se aproxima do fim, o leitor fica com uma compreensão sóbria dos desafios que a humanidade enfrenta perante um planeta em crise. A hora de agir é agora, pois o aumento da temperatura não mostra sinais de abrandamento e as consequências da inação tornam-se mais terríveis a cada dia que passa. Nos capítulos que se seguem, exploraremos o custo humano das alterações climáticas e as soluções inovadoras que estão a surgir perante a adversidade. Mas, por agora, o foco continua a ser a compreensão das causas profundas da crise e a mobilização da vontade colectiva para a enfrentar antes que seja demasiado tarde

Capítulo 3: O custo humano

Por detrás de cada estatística há uma história - uma família forçada a abandonar a sua casa à medida que a subida do nível do mar engole a sua aldeia costeira, um agricultor que assiste impotente às colheitas que murcham sob o sol implacável, um habitante da cidade que respira ofegantemente numa metrópole atingida por uma vaga de calor. Neste capítulo, testemunhamos o custo humano das alterações climáticas, à medida que comunidades de todo o mundo se debatem com as duras realidades de um planeta em convulsão. No entanto, no meio do desespero, surgem vislumbres de resiliência e solidariedade, oferecendo esperança face à adversidade.

3.1 Deslocação e perda:

À medida que os impactos das alterações climáticas se intensificam, as comunidades na linha da frente da crise encontram-se à beira da devastação. Nas regiões costeiras de baixa altitude, a subida do nível do mar ameaça engolir aldeias inteiras, obrigando as famílias a abandonar as suas casas e meios de subsistência em busca de terrenos mais elevados. Nas planícies atingidas pela seca, os agricultores assistem impotentes às suas colheitas murcharem e morrerem, deixando-os sem meios para sustentar as suas famílias. E nos centros urbanos, as populações vulneráveis enfrentam a dupla ameaça do calor extremo e da poluição atmosférica, exacerbando as doenças respiratórias e ceifando vidas a cada dia que passa.

Através de entrevistas pungentes e de uma narrativa evocativa, somos transportados para as vidas das pessoas afectadas pelo impacto humano das alterações climáticas. Conhecemos Maria, uma mãe de três filhos, que relata a experiência angustiante de evacuar a sua aldeia costeira quando as águas das cheias subiram à volta da sua casa. Ouvimos Rajesh, um pequeno agricultor, que luta para alimentar a sua família quando as secas prolongadas devastam as suas colheitas ano após ano. E ouvimos Aisha, uma jovem que sofre de asma, que descreve a agonia de respirar ar tóxico durante as ondas de calor que assolam a sua cidade com uma frequência cada vez maior.

3.2 Desigualdade e injustiça:

No entanto, no meio do sofrimento infligido pelas alterações climáticas, surge um padrão preocupante - um padrão de profunda desigualdade e injustiça. Embora a crise nos afecte a todos, o seu fardo recai de forma desproporcionada sobre os menos responsáveis pelo seu início. As desigualdades no acesso a recursos e oportunidades deixam as comunidades marginalizadas particularmente vulneráveis aos impactes da degradação ambiental, perpetuando ciclos de pobreza e injustiça.

Através de narrativas convincentes e dados rigorosos, confrontamo-nos com as duras realidades da desigualdade num mundo devastado pelas alterações climáticas. Os povos indígenas, cuja profunda ligação à terra se estende por gerações, encontram-se na linha da frente da crise, à medida que as empresas multinacionais invadem os seus territórios ancestrais em busca de lucro. Forçados a abandonar as suas terras, enfrentam a deslocação e a expropriação, com o seu património cultural e modo de vida ameaçados de extinção.

As mulheres e as crianças também suportam o peso da crise climática, sendo as suas vozes frequentemente silenciadas face à discriminação e negligência sistémicas. À medida que os recursos diminuem e as condições de vida se deterioram, as mulheres assumem o ónus de cuidar das suas famílias, enfrentando as duras realidades da insegurança alimentar, da escassez de água e das doenças. As crianças, as mais vulneráveis de entre nós, sofrem as consequências da degradação ambiental desde o momento em que nascem, com o seu futuro ensombrado pelo espetro de um mundo em turbulência.

E depois há a dura realidade do apartheid climático - um mundo dividido ao longo de linhas de riqueza e privilégio, onde os que têm se barricam atrás de muros de privilégio enquanto os que não têm são deixados a defender-se sozinhos face à crise crescente. As nações ricas acumulam recursos e erguem barreiras para se protegerem dos estragos de uma crise que ajudaram a criar, deixando as populações vulneráveis a suportar o peso dos impactos.

Através das suas histórias, confrontamo-nos com a verdade incómoda de que o fardo das alterações climáticas não é suportado de forma igual. É um fardo que recai mais pesadamente sobre aqueles que menos contribuíram para o seu aparecimento, perpetuando ciclos de pobreza e injustiça que se prolongam por gerações. No entanto, no meio do desespero, há também um desafio - uma determinação para resistir, para reclamar e para exigir justiça face a uma adversidade esmagadora. E é neste desafio que encontramos esperança - um vislumbre da possibilidade de, com solidariedade e ação colectiva, podermos construir um mundo onde a justiça e a igualdade prevaleçam.

3.3 Resiliência e solidariedade:

No entanto, no meio do desespero provocado pelas alterações climáticas, surgem vislumbres de resiliência e solidariedade, oferecendo um farol de esperança face à adversidade. As comunidades, atingidas pelo ataque implacável da degradação ambiental, juntam-se para se apoiarem mutuamente, demonstrando o poder da ação colectiva face a desafios comuns. Em todo o mundo, as organizações de base mobilizam-se para exigir justiça e responsabilidade aos detentores do poder, defendendo políticas que dêem prioridade às necessidades dos mais vulneráveis e marginalizados. E os indivíduos, reconhecendo a urgência da crise, tomam medidas nas suas próprias vidas, adoptando práticas sustentáveis e reduzindo a sua pegada de carbono, numa tentativa de mitigar os impactos das alterações climáticas.

Através de histórias de resiliência e solidariedade, vislumbramos uma visão de um mundo melhor - um mundo onde a compaixão e a cooperação triunfam sobre a ganância e a indiferença. Conhecemos activistas como Jamal, que lidera um movimento de base para proteger a sua comunidade dos impactos da subida do nível do mar, organizando limpezas costeiras e defendendo o desenvolvimento sustentável. Com cada praia limpa e cada árvore plantada, Jamal e os seus colegas activistas demonstram o poder da ação colectiva face a probabilidades aparentemente intransponíveis.

Ouvimos falar de cientistas como a Dra. Chen, que trabalha incansavelmente para capacitar as mulheres da sua aldeia com conhecimentos e recursos para se adaptarem às condições ambientais em mudança. Através da educação e da sensibilização, a Dra. Chen fornece às mulheres as ferramentas de que necessitam para proteger as suas famílias e comunidades contra os impactos das alterações climáticas, permitindo-lhes assumir o controlo dos seus próprios destinos face à incerteza.

E somos inspirados por heróis do quotidiano como a Fátima, que transforma o seu bairro numa próspera horta urbana, fornecendo alimentos frescos e espaço verde para os seus vizinhos desfrutarem. Com cada legume colhido e cada flor desabrochada, Fátima demonstra o poder transformador da ação comunitária, provando que mesmo os mais pequenos actos de bondade e compaixão podem ter um efeito de onda que se estende muito para além do seu ambiente imediato.

À medida que o capítulo se aproxima do fim, ficamos com uma profunda noção do custo humano das alterações climáticas - e da necessidade urgente de ação para resolver as suas causas profundas. No entanto, no meio da devastação, há também esperança - um vislumbre de possibilidade de, com coragem e determinação, podermos construir um futuro mais resiliente e sustentável para todos. É um futuro onde a resiliência e a solidariedade reinam supremas, onde os laços da comunidade são forjados no fogo da adversidade e onde a esperança é eterna face à incerteza.

Capítulo 4: Adaptação e inovação

À medida que a temperatura continua a subir sem parar, a humanidade encontra-se numa encruzilhada, forçada a adaptar-se ou a enfrentar as terríveis consequências da inação. Neste capítulo, mergulhamos nas fronteiras da adaptação, explorando as inúmeras formas como as comunidades de todo o mundo aproveitam o poder do engenho humano para sobreviver e prosperar num mundo em rápida mudança. Desde tecnologias inovadoras a tradições consagradas pelo tempo, testemunhamos a notável resiliência do espírito humano face à adversidade.

4.1 Tecnologias inovadoras:

Perante a escalada dos desafios ambientais, a inovação humana atingiu novos patamares à medida que as comunidades se esforçam por atenuar os impactos das alterações climáticas. Desde soluções de ponta em matéria de energias renováveis a técnicas sofisticadas de modelação climática, testemunhamos o poder da tecnologia para transformar a nossa relação com o mundo natural. Os painéis solares adornam os telhados, aproveitando a energia do sol para abastecer casas e empresas. As turbinas eólicas pontuam a paisagem, captando a energia cinética do vento para gerar eletricidade limpa e sustentável. E os avanços da inteligência artificial e da aprendizagem automática revolucionam a nossa capacidade de prever e responder às mudanças dinâmicas do clima da Terra.

Mas a adaptação não é apenas o domínio das soluções de alta tecnologia. Em comunidades de todo o mundo, os conhecimentos tradicionais e as práticas ancestrais continuam a desempenhar um papel vital na superação dos desafios de um clima em mudança. Desde as técnicas indígenas de gestão dos solos até às práticas agrícolas centenárias, descobrimos a sabedoria oculta dos nossos antepassados, que nos oferece conhecimentos valiosos sobre como viver em harmonia com o mundo natural. Estas tradições consagradas pelo tempo servem para recordar a resiliência do espírito humano e o poder duradouro da comunidade face à adversidade.

4.2 Tradições consagradas pelo tempo:

À medida que a crise climática se intensifica, as comunidades recorrem à sabedoria dos seus antepassados para se adaptarem a um mundo em rápida mudança. Nas ilhas do Pacífico, onde a subida do nível do mar ameaça engolir nações inteiras, as comunidades recorrem a técnicas de navegação tradicionais transmitidas de geração em geração para navegar nas águas traiçoeiras e encontrar novas terras a que chamar lar. Nas regiões áridas de África, os pastores baseiam-se em padrões de migração ancestrais para conduzir os seus rebanhos para pastagens mais verdes em busca de água e alimentos. E nas aldeias remotas dos Himalaias, os povos indígenas aproveitam o poder curativo das plantas e ervas locais para tratar as doenças agravadas pelas alterações climáticas.

Estas tradições consagradas pelo tempo são um testemunho da resiliência e do engenho da humanidade face à adversidade. Recordam-nos que as respostas aos desafios que enfrentamos podem não estar na procura de tecnologias cada vez mais avançadas, mas na sabedoria daqueles que vieram antes de nós. Ao abraçar o conhecimento tradicional e honrar a sabedoria dos nossos antepassados, podemos forjar um caminho que seja simultaneamente sustentável e resiliente, assegurando um futuro mais brilhante para as gerações vindouras.

À medida que continuamos a nossa viagem pelas fronteiras da adaptação e da inovação, somos recordados do potencial ilimitado do espírito humano para ultrapassar até os maiores desafios. Quer seja através de tecnologias de ponta ou de tradições consagradas pelo tempo, as comunidades de todo o mundo estão a aproveitar o poder do engenho humano para enfrentar as realidades de um mundo em rápida mudança. E é neste espírito de resiliência e inovação que encontramos a esperança de um futuro mais brilhante e sustentável para todos.

4.3 Aproveitar o engenho humano:

Face aos crescentes desafios ambientais, a humanidade embarcou numa notável jornada de inovação, com o objetivo de mitigar os impactos das alterações climáticas e garantir um futuro sustentável para as gerações vindouras. Desde arranha-céus imponentes a sistemas de canais complexos, exploramos as tecnologias de ponta que estão a remodelar a forma como vivemos e interagimos com o nosso ambiente.

Em Singapura, o conceito de cidade flutuante tornou-se uma realidade, com arranha-céus imponentes a erguerem-se acima da água, apoiados por plataformas flutuantes inovadoras. Estas estruturas flutuantes não só proporcionam o tão necessário espaço habitacional em áreas urbanas densamente povoadas, como também servem de proteção contra a subida do nível do mar e fenómenos meteorológicos extremos. Ao abraçar o poder da flutuabilidade e da engenharia, Singapura foi pioneira num novo modelo de vida urbana que é simultaneamente resiliente e sustentável.

Do mesmo modo, nos Países Baixos, séculos de experiência na gestão da água culminaram numa rede labiríntica de canais, diques e barreiras contra inundações que protegem o país de baixa altitude da ameaça constante de inundações. Estes sofisticados sistemas de gestão da água não só salvaguardam vidas e bens, como também servem de testemunho do engenho e da resiliência do povo holandês face à adversidade. Através de uma combinação de tecnologia de ponta e princípios de engenharia comprovados pelo tempo, os Países Baixos transformaram a sua vulnerabilidade à água numa fonte de força e inovação.

Mas a adaptação não se limita apenas ao domínio das soluções de alta tecnologia. Em comunidades de todo o mundo, a sabedoria ancestral e o conhecimento tradicional continuam a desempenhar um papel vital na superação dos desafios de um clima em mudança. Desde as práticas indígenas de gestão das terras que promovem a biodiversidade e a saúde dos solos até às técnicas agrícolas ancestrais que conservam a água e maximizam os rendimentos, descobrimos os tesouros escondidos da sabedoria ancestral que oferecem conhecimentos inestimáveis sobre como viver em harmonia com o mundo natural.

Estas tradições consagradas pelo tempo servem como um poderoso lembrete da resiliência do espírito humano e do poder duradouro da comunidade face à adversidade. Ao abraçar a sabedoria dos nossos antepassados e ao integrá-la com as inovações modernas, podemos forjar um caminho que seja simultaneamente sustentável e resiliente, garantindo um futuro mais brilhante para as gerações vindouras.

4.4 Soluções criativas para um mundo em mudança:

À medida que a crise climática se agrava, as comunidades de todo o mundo estão a responder ao desafio com engenho e criatividade, implementando soluções inovadoras para enfrentar os desafios multifacetados colocados por um planeta em aquecimento.

Nos centros agrícolas de África, onde os agricultores dependem fortemente da agricultura de sequeiro, as comunidades estão a experimentar culturas resistentes à seca e técnicas de irrigação que poupam água para se adaptarem aos padrões erráticos de precipitação e ao aumento das temperaturas. Ao diversificarem as variedades de culturas e adoptarem práticas de agricultura de conservação, os agricultores estão não só a salvaguardar os seus meios de subsistência, mas também a criar resiliência contra futuros choques climáticos.

Nos centros urbanos que se debatem com a dupla ameaça das ondas de calor e da poluição atmosférica, os projectos de infra-estruturas verdes estão a transformar selvas de betão em oásis vibrantes de vida. Desde jardins nos telhados e florestas verticais a pavimentos permeáveis e parques urbanos, estas iniciativas não só proporcionam o tão necessário espaço verde para os residentes, como também ajudam a atenuar o efeito de ilha de calor urbana e a melhorar a qualidade do ar. Ao reintroduzir a natureza no ambiente construído, as cidades estão a criar espaços mais saudáveis e habitáveis para os seus habitantes.

Entretanto, cientistas cidadãos e organizações de base estão a tomar o assunto nas suas próprias mãos, liderando iniciativas comunitárias para monitorizar e mitigar os impactos das alterações climáticas a nível local. Através de esforços de recolha de dados climáticos de origem colectiva e de campanhas de limpeza de bairros, estas abordagens ascendentes permitem que os indivíduos assumam o controlo dos seus próprios destinos e moldem o futuro das suas comunidades. Ao promover um sentido de propriedade e responsabilidade colectiva, estas iniciativas não só criam resiliência a nível das bases, como também inspiram mudanças sociais mais amplas.

Face a desafios ambientais sem precedentes, a criatividade e a inovação estão a revelar-se ferramentas poderosas para a adaptação e a construção de resiliência. Aproveitando a sabedoria colectiva das comunidades e abraçando um espírito de experimentação, podemos forjar um caminho que seja simultaneamente sustentável e equitativo, assegurando um futuro mais brilhante para as gerações vindouras.

4.3 Os limites da resiliência:

et, mesmo quando nos maravilhamos com a nossa capacidade de inovação e adaptação, subsistem questões sobre os limites da nossa resiliência face a um futuro incerto. À medida que o nível do mar sobe e os fenómenos meteorológicos extremos se tornam mais frequentes e graves, somos confrontados com a dura realidade de que a adaptação, por si só, pode não ser suficiente para proteger o nosso planeta e os seus habitantes da devastação das alterações climáticas.

Embora as tecnologias inovadoras e as soluções criativas ofereçam esperança de criar resiliência face aos desafios ambientais, também levantam questões difíceis sobre a sustentabilidade da nossa trajetória atual. Temos pela frente decisões difíceis à medida que nos debatemos com os compromissos entre a sobrevivência a curto prazo e a sustentabilidade a longo prazo, entre as soluções tecnológicas e a mudança sistémica.

Nos capítulos que se seguem, aprofundaremos estas questões complexas, explorando os dilemas éticos e morais que acompanham a nossa procura de adaptação e inovação. Examinaremos o papel da governação e da política na definição da nossa resposta às alterações climáticas e consideraremos a necessidade de uma mudança transformadora, tanto a nível individual como social.

Mas, por agora, resta-nos um profundo sentimento de admiração e espanto perante a criatividade sem limites e a resiliência do espírito humano - um espírito que se recusa a deixar-se intimidar pelos desafios que se avizinham e que, em vez disso, se ergue para os enfrentar de frente com coragem, determinação e engenho. É este espírito de resiliência e determinação que nos dá esperança num futuro mais brilhante e mais sustentável para todos.

Capítulo 5: Um apelo à ação

Neste último capítulo, confrontamo-nos com a dura realidade de que o tempo está a esgotar-se. O aumento da temperatura não é apenas uma ameaça distante, mas uma crise atual que exige uma ação urgente. Dos movimentos de base aos tratados internacionais, tanto os indivíduos como os governos são chamados a fazer escolhas corajosas e a traçar um novo rumo para a humanidade. Entrelaçando narrativas pessoais e conhecimentos científicos, concluímos com um grito de união, lembrando aos leitores que o poder de mudança está dentro de cada um de nós.

5.1 A urgência do agora:

Numa altura em que nos encontramos no precipício de uma emergência climática, a necessidade de ação nunca foi tão urgente. Os impactos de um planeta em aquecimento já estão a repercutir-se em todo o mundo, deixando um rasto de devastação. Desde os incêndios florestais abrasadores que envolvem vastas extensões de terra até às ondas de calor sem precedentes que assam comunidades, desde as inundações catastróficas que inundam casas e cidades até à alarmante perda de biodiversidade que ameaça os ecossistemas, os sinais das alterações climáticas são manifestamente evidentes.

O tempo para a complacência já passou há muito tempo - temos de agir de forma decisiva e colectiva para mitigar os piores efeitos das alterações climáticas e salvaguardar o futuro do nosso planeta para as gerações vindouras. Cada momento de inação só agrava a crise, empurrando-nos ainda mais para pontos de viragem irreversíveis e consequências catastróficas. Não nos podemos dar ao luxo de esperar que outros assumam a liderança; cada um de nós deve assumir a responsabilidade e desempenhar o seu papel na resposta a este desafio urgente.

Chegou o momento de tomar medidas corajosas, de proceder a mudanças transformadoras e de assumir um compromisso inabalável com um futuro sustentável. Juntos, podemos estar à altura da ocasião, aproveitando a nossa força e determinação colectivas para enfrentar de frente a emergência climática. A urgência do momento atual exige nada menos do que a nossa dedicação total e inabalável à construção de um mundo mais resiliente e sustentável para nós e para as gerações futuras.

5.2 Movimentos de base:

Na vanguarda da luta contra as alterações climáticas estão os movimentos de base compostos por indivíduos apaixonados dedicados a impulsionar a mudança a partir da base. Desde as ruas movimentadas das cidades até aos cantos remotos das comunidades rurais, estes movimentos estão a acender um fogo para a ação climática que se está a espalhar por todo o mundo como um incêndio.

Lideradas por jovens activistas, as greves pelo clima tornaram-se uma poderosa força de mudança, com milhões de jovens a saírem à rua para exigir medidas urgentes aos líderes mundiais. As suas vozes, amplificadas pelas redes sociais e alimentadas por um sentido de urgência, galvanizaram comunidades e inspiraram pessoas de todas as idades a juntarem-se à luta por um futuro sustentável.

Para além das greves climáticas, os movimentos de base estão também a liderar a implementação de soluções práticas para enfrentar a crise climática. Desde projectos comunitários de energias renováveis a iniciativas de agricultura sustentável, estes esforços não só estão a reduzir as emissões, como também a promover a resiliência e a construir comunidades mais fortes e mais interligadas.

Através da ação colectiva e da solidariedade, as pessoas comuns estão a provar que têm o poder de efetuar mudanças e de responsabilizar os detentores do poder pelas suas acções. Se nos mantivermos unidos, podemos criar uma onda de apoio a uma ação climática corajosa e garantir que as vozes dos mais afectados pela crise climática sejam ouvidas e tidas em conta.

Os movimentos de base não se limitam a lutar contra as alterações climáticas, mas sim a lutar por um mundo melhor e mais justo para todos. Ao capacitarem as comunidades para assumirem o controlo dos seus próprios destinos e moldarem o seu futuro, estes movimentos estão a reformular a narrativa em torno da ação climática e a demonstrar que é possível um outro mundo - um mundo onde as pessoas e o planeta prosperam juntos em harmonia.

5.3 Cooperação internacional:

Embora os movimentos de base desempenhem um papel crucial na promoção da mudança a partir da base, a luta contra as alterações climáticas não pode ser ganha apenas com esforços locais. É necessária uma ação concertada a nível internacional, com as nações a porem de lado as suas diferenças e a colaborarem para enfrentar o desafio global que temos pela frente.

A chave para esta colaboração são os acordos e tratados internacionais que fornecem um quadro de cooperação para os esforços de mitigação e adaptação às alterações climáticas. O Acordo de Paris, adotado em 2015, é um marco histórico na luta contra as alterações climáticas. Ao comprometer as nações a limitar o aquecimento global a menos de 2 graus Celsius e a lutar por 1,5 graus Celsius, o acordo representa um compromisso partilhado de proteção do planeta para as gerações futuras. Do mesmo modo, a Convenção-Quadro das Nações Unidas sobre as Alterações Climáticas (CQNUAC) proporciona uma plataforma para o diálogo e negociação contínuos sobre questões relacionadas com o clima, facilitando o intercâmbio de ideias, melhores práticas e recursos entre as nações.

No entanto, apesar dos progressos alcançados através destes acordos, o ritmo de ação tem sido lento e muito mais tem de ser feito para cumprir os ambiciosos objectivos estabelecidos. Muitas nações não cumpriram os seus compromissos no âmbito do Acordo de Paris e as tensões políticas e os interesses instalados impedem frequentemente o progresso em questões críticas como a redução das emissões e o financiamento do clima.

No entanto, a cooperação internacional continua a ser essencial para fazer face à crise climática, uma vez que nenhuma nação pode enfrentar o desafio isoladamente. É necessária uma ação colectiva e uma responsabilidade partilhada, com os países desenvolvidos a apoiarem os países em desenvolvimento nos seus esforços de atenuação e adaptação aos impactos das alterações climáticas.

Ao olharmos para o futuro, é imperativo que as nações reafirmem o seu compromisso com os objectivos do Acordo de Paris e trabalhem em conjunto para acelerar o progresso em direção a um futuro sustentável e resiliente. Ao promover uma maior colaboração e solidariedade na cena mundial, podemos ultrapassar as barreiras à ação e abrir caminho para um mundo mais sustentável e equitativo para todos.

5.4 Um apelo à unidade:

Perante os desafios assustadores, é fácil sentirmo-nos esmagados e impotentes. Mas agora não é altura para desesperar - é altura para agir. Cada um de nós tem um papel a desempenhar na resolução da crise climática, quer através de mudanças individuais no estilo de vida, quer através de esforços colectivos de sensibilização ou de envolvimento político. Ao unirmo-nos em solidariedade e ao reconhecermos a nossa humanidade partilhada, podemos construir um futuro que seja sustentável, equitativo e justo para todos.

É imperativo que reconheçamos a interligação entre as nossas acções e o seu impacto no planeta e nos seus habitantes. Desde os alimentos que ingerimos até aos produtos que compramos, todas as escolhas que fazemos têm consequências ambientais. Ao adoptarmos práticas sustentáveis no nosso quotidiano, como a redução da nossa pegada de carbono, a conservação de energia e o apoio a empresas ecológicas, podemos reduzir coletivamente o nosso impacto no planeta e ajudar a atenuar os efeitos das alterações climáticas.

Mas as acções individuais, por si só, não são suficientes. Temos também de nos unir como comunidades, como nações e como sociedade global para exigir uma ação ousada e decisiva dos nossos líderes. Isto significa responsabilizar os governos e as empresas pelas suas contribuições para as alterações climáticas e defender políticas e iniciativas que dêem prioridade à sustentabilidade ambiental e à justiça social.

Em conclusão, o poder de mudança está dentro de cada um de nós. Cabe-nos a nós aproveitar este momento e exigir uma ação corajosa dos nossos líderes, ser solidários com aqueles que estão na linha da frente da crise climática e forjar um caminho que garanta um futuro mais brilhante para as gerações vindouras. O tempo de ação é agora - vamos estar à altura do desafio e construir um mundo que possamos ter orgulho em transmitir às gerações futuras.

Capítulo 6: A ciência das alterações climáticas

Neste capítulo, embarcamos numa viagem para desvendar o intrincado funcionamento do sistema climático da Terra e compreender os princípios científicos fundamentais que determinam as alterações climáticas. Do efeito de estufa ao ciclo do carbono, mergulhamos nos mecanismos complexos que moldam o clima do nosso planeta e influenciam a sua trajetória futura.

6.1 O efeito de estufa: No centro das alterações climáticas está o efeito de estufa, um fenómeno natural essencial para manter a temperatura da Terra dentro de um intervalo habitável. Imagine a Terra como uma estufa acolhedora, onde certos gases actuam como um cobertor, retendo o calor do sol e impedindo-o de escapar para o espaço. Este processo natural permite ao nosso planeta manter a vida tal como a conhecemos.

Os principais actores deste drama atmosférico são os gases com efeito de estufa, incluindo o dióxido de carbono (CO_2), o metano (CH_4) e o vapor de água. Estes gases estão naturalmente presentes na atmosfera e desempenham um papel crucial na regulação do clima da Terra. Quando a luz solar atinge a superfície da Terra, parte dela é absorvida e aquece o planeta. A Terra irradia então este calor para a atmosfera sob a forma de radiação infravermelha.

É aqui que entram em jogo os gases com efeito de estufa. Ao contrário de outros gases na atmosfera, como o azoto e o oxigénio, os gases com efeito de estufa têm moléculas com três ou mais átomos. Esta estrutura molecular única permite-lhes absorver e reemitir radiação infravermelha, retendo efetivamente o calor na atmosfera. Pense neles como pequenas moléculas que retêm o calor e fazem saltar a radiação infravermelha para trás e para a frente, aquecendo a atmosfera no processo.

Este efeito de estufa natural é essencial para manter a temperatura da superfície da Terra dentro de um intervalo habitável, mantendo-a suficientemente quente para suportar a vida. No entanto, as actividades humanas intensificaram significativamente este processo natural, conduzindo ao que se designa por efeito de estufa reforçado e aquecimento global.

A queima de combustíveis fósseis, como o carvão, o petróleo e o gás natural, liberta grandes quantidades de CO2 para a atmosfera, contribuindo para a acumulação de gases com efeito de estufa. A desflorestação agrava ainda mais o problema ao reduzir o número de árvores que absorvem CO2 através da fotossíntese. Como resultado, a concentração de gases com efeito de estufa na atmosfera aumentou drasticamente desde a Revolução Industrial, retendo mais calor e provocando o aumento da temperatura média da Terra - um fenómeno conhecido como aquecimento global.

As consequências deste aumento do efeito de estufa são de grande alcance, com o aumento das temperaturas a provocar a fusão das calotes polares, a subida do nível do mar, ondas de calor mais frequentes e intensas, alterações nos padrões de precipitação e perturbações nos ecossistemas e na biodiversidade. Compreender os mecanismos subjacentes ao efeito de estufa é crucial para compreender os factores que estão na origem das alterações climáticas e tomar medidas significativas para atenuar os seus impactos.

6.2 O Ciclo do Carbono: No coração do sistema climático da Terra está o ciclo do carbono, uma dança intrincada de átomos de carbono que se movem entre a atmosfera, os oceanos, a terra e os organismos vivos. Este ciclo desempenha um papel fundamental na regulação do clima da Terra, controlando a concentração de dióxido de carbono (CO2) na atmosfera, um dos principais gases com efeito de estufa.

No seu estado natural, o ciclo do carbono funciona num equilíbrio delicado, com o carbono a mover-se entre diferentes reservatórios através de vários processos. Por exemplo, o dióxido de carbono é absorvido da atmosfera pelas plantas durante a fotossíntese, que o convertem em matéria orgânica. Os animais consomem depois estas plantas, transferindo o carbono através da cadeia alimentar. Quando os organismos morrem, os decompositores decompõem os seus restos, libertando o carbono de volta para o solo ou para a atmosfera. Além disso, o dióxido de carbono dissolve-se no oceano, onde é utilizado pelos organismos marinhos e, eventualmente, devolvido à atmosfera através de processos como a respiração e a decomposição da matéria orgânica.

No entanto, as actividades humanas perturbaram significativamente este equilíbrio natural, principalmente através da queima de combustíveis fósseis e de alterações na utilização dos solos. A combustão de combustíveis fósseis, como o carvão, o petróleo e o gás natural, liberta grandes quantidades de dióxido de carbono para a atmosfera, contribuindo para a acumulação de gases com efeito de estufa e para a intensificação do efeito de estufa. Além disso, a desflorestação e as alterações na utilização dos solos reduzem a capacidade dos ecossistemas para absorverem o dióxido de carbono, agravando ainda mais o problema.

Em resultado destas alterações induzidas pelo homem, a concentração de CO2 atmosférico aumentou drasticamente desde a Revolução Industrial, atingindo níveis que não se registavam há milhões de anos. Este aumento dos gases com efeito de estufa conduziu a um aumento correspondente das temperaturas globais, impulsionando as alterações climáticas e os seus impactos associados, como a subida do nível do mar, fenómenos meteorológicos extremos e perturbações nos ecossistemas e na biodiversidade.

Compreender o ciclo do carbono e a sua perturbação pelas actividades humanas é essencial para compreender os factores que provocam as alterações climáticas e desenvolver estratégias eficazes de atenuação e adaptação. Ao restabelecer o equilíbrio do ciclo do carbono e reduzir a nossa pegada de carbono, podemos ajudar a atenuar os impactes das alterações climáticas e trabalhar para um futuro mais sustentável para as gerações vindouras.

6.3 Mecanismos de retroação: Para além da influência direta das emissões de gases com efeito de estufa, as alterações climáticas estão sujeitas a mecanismos de retroação que podem amplificar ou atenuar os seus impactos. Estes ciclos de retroação desempenham um papel crucial na definição da trajetória do aquecimento global e das consequências associadas. Vamos explorar os mecanismos de feedback positivo e negativo em mais pormenor.

Loops de feedback positivo:

Os ciclos de retroação positiva são mecanismos que amplificam os efeitos das alterações climáticas, conduzindo a um maior aquecimento do planeta. Um exemplo proeminente é o derretimento do gelo marinho do Ártico. À medida que as temperaturas globais aumentam, o gelo marinho do Ártico derrete a um ritmo acelerado, expondo a água do oceano mais escura por baixo. Esta superfície mais escura absorve mais luz solar do que o gelo refletor, provocando mais aquecimento e derretimento adicional do gelo - um ciclo de auto-reforço conhecido como feedback gelo-albedo.

Outro exemplo de um ciclo de retroação positiva é a libertação de metano pelo degelo do permafrost. O permafrost, solo congelado que contém matéria orgânica, actua como um vasto reservatório de carbono. À medida que as temperaturas sobem, o permafrost descongela, libertando metano armazenado - um potente gás com efeito de estufa - para a atmosfera. Este metano adicional aumenta ainda mais o efeito de estufa, levando a um maior aquecimento e a um maior degelo do permafrost - um ciclo de retroação que amplifica as alterações climáticas.

Mecanismos de feedback negativo:

Em contrapartida, os mecanismos de retroação negativa ajudam a estabilizar o clima, contrariando os efeitos do aquecimento global. Um exemplo é a absorção de dióxido de carbono (CO2) pelos oceanos. À medida que os níveis de CO2 atmosférico aumentam, os oceanos absorvem uma parte desse excesso de carbono, ajudando a atenuar a acumulação de gases com efeito de estufa na atmosfera. No entanto, este processo também conduz à acidificação dos oceanos, que pode ter efeitos prejudiciais nos ecossistemas marinhos.

As florestas também actuam como importantes sumidouros de carbono, absorvendo CO2 através da fotossíntese e armazenando-o na biomassa e no solo. À medida que os níveis de CO2 atmosférico aumentam, as florestas têm o potencial de aumentar a sua absorção de carbono, ajudando assim a compensar algumas das emissões das actividades humanas. No entanto, a desflorestação e a degradação florestal diminuem a capacidade das florestas para sequestrar carbono, enfraquecendo este mecanismo de retroação negativa.

A compreensão destes mecanismos de retroação é essencial para prever a trajetória futura das alterações climáticas e desenvolver estratégias eficazes de atenuação e adaptação. Ao abordar os factores determinantes dos ciclos de feedback positivo e ao reforçar os mecanismos de feedback negativo, podemos trabalhar no sentido de estabilizar o clima e minimizar os seus impactos nos ecossistemas e nas sociedades.

6.4 Projecções para cenários climáticos futuros: Com base em investigação de ponta e em modelos climáticos sofisticados, os cientistas desenvolveram projecções para cenários climáticos futuros, oferecendo perspectivas sobre os potenciais impactos do aquecimento global contínuo nos ecossistemas, economias e sociedades de todo o mundo. Estas projecções têm em conta vários factores, incluindo as trajectórias das emissões de gases com efeito de estufa, o aumento da temperatura, a subida do nível do mar e as alterações nos padrões climáticos extremos. Ao explorar estes cenários, podemos compreender melhor os desafios e as oportunidades que temos pela frente nos nossos esforços para enfrentar as alterações climáticas.

Num cenário de manutenção do status quo, em que as emissões de gases com efeito de estufa continuam a aumentar sem interrupção, prevê-se que as temperaturas aumentem significativamente até ao final do século. As temperaturas médias globais poderão aumentar vários graus Celsius em relação aos níveis pré-industriais, provocando alterações profundas nos padrões climáticos, nos ecossistemas e nas sociedades humanas. Prevê-se também que o nível do mar aumente, ameaçando as comunidades costeiras com inundações e uma maior vulnerabilidade a tempestades e inundações.

Os fenómenos meteorológicos extremos, como as ondas de calor, as secas, os furacões e os incêndios florestais, são susceptíveis de se tornarem mais frequentes e mais graves num clima mais quente. Estes fenómenos podem ter consequências devastadoras para a saúde humana, as infra-estruturas, a agricultura e os ecossistemas naturais, agravando as vulnerabilidades e desigualdades existentes.

No entanto, é importante notar que os futuros resultados climáticos não estão gravados na pedra e podem ser influenciados pelas nossas acções colectivas para reduzir as emissões de gases com efeito de estufa e adaptarmo-nos às condições em mudança. Ao desenvolver esforços ambiciosos de atenuação do clima, como a transição para as energias renováveis, a melhoria da eficiência energética e a implementação de soluções baseadas na natureza, podemos limitar a extensão do aquecimento global e os impactes que lhe estão associados.

Além disso, o investimento em medidas de adaptação às alterações climáticas, como a construção de infra-estruturas resistentes, a proteção dos ecossistemas naturais e o reforço das redes de segurança social, pode ajudar as comunidades a enfrentar melhor as alterações já em curso e a minimizar os riscos futuros.

Em conclusão, este capítulo serve como uma chamada de atenção crítica para a necessidade urgente de abordar as alterações climáticas e as suas consequências de longo alcance. Ao compreendermos a ciência por detrás do aquecimento global e os seus impactos previstos, podemos tomar decisões informadas e agir de forma decisiva para salvaguardar o nosso planeta para as gerações actuais e futuras. Através de esforços colectivos a nível local, nacional e global, podemos atenuar os piores efeitos das alterações climáticas e construir um futuro mais sustentável e resiliente para todos.

Capítulo 7: Impactos ecológicos

Neste capítulo, aprofundamos as consequências ecológicas das alterações climáticas, explorando a forma como o aumento das temperaturas e a alteração dos padrões climáticos estão a remodelar os ecossistemas e a ameaçar a biodiversidade em todo o mundo. Desde a perda de habitat e a extinção de espécies até à perturbação dos processos ecológicos, os impactos de um planeta em aquecimento são profundos e de grande alcance. Através de estudos de casos de diversos ecossistemas de todo o mundo, testemunhamos em primeira mão o impacto que as alterações climáticas estão a ter na vida selvagem e nas paisagens naturais.

7.1 Perda de biodiversidade:

Os impactos das alterações climáticas na biodiversidade são profundos e alarmantes. À medida que as temperaturas aumentam e os padrões de precipitação se alteram, os habitats em todo o mundo estão a sofrer uma rápida transformação, exercendo uma enorme pressão sobre as plantas e os animais que vivem nesses ecossistemas. As consequências destas alterações repercutem-se em teias alimentares inteiras, com implicações de grande alcance para a biodiversidade e a estabilidade dos ecossistemas.

Um dos exemplos mais emblemáticos da perda de biodiversidade devido às alterações climáticas é a situação do urso polar. Estas criaturas majestosas dependem do gelo marinho como plataforma para caçar focas, a sua principal fonte de alimento. No entanto, à medida que o gelo do Ártico derrete a um ritmo sem precedentes, os ursos polares estão a perder o acesso às suas zonas de caça, o que os obriga a percorrer distâncias maiores em busca de alimento. Este aumento da distância, juntamente com o declínio das populações de presas, levou ao declínio do número de ursos polares em muitas regiões, tornando-os um símbolo emblemático dos impactos das alterações climáticas na vida selvagem.

Do mesmo modo, os recifes de coral, muitas vezes referidos como as florestas tropicais do mar, estão a enfrentar ameaças existenciais devido às alterações climáticas. Estes vibrantes ecossistemas subaquáticos, repletos de vida, são o habitat de um quarto de todas as espécies marinhas e sustentam a subsistência de milhões de pessoas em todo o mundo. No entanto, o aumento da temperatura dos oceanos e a acidificação dos oceanos, impulsionados pelo aumento dos níveis de CO2 na atmosfera, estão a provocar o branqueamento dos corais - um fenómeno em que os corais expulsam as algas que lhes dão as suas cores vibrantes, deixando-os vulneráveis a doenças e à morte. À medida que os recifes de coral diminuem, o mesmo acontece com as inúmeras espécies que dependem deles para se alimentarem, abrigarem e reproduzirem, levando ao colapso de ecossistemas de recifes inteiros.

A perda de biodiversidade devido às alterações climáticas não se limita aos ursos polares e aos recifes de coral. Espécies de todo o mundo, desde insectos a mamíferos, estão a enfrentar desafios sem precedentes à medida que os seus habitats se tornam cada vez mais inóspitos. Se não forem tomadas medidas rápidas e decisivas para reduzir as emissões de gases com efeito de estufa e proteger os habitats críticos, a perda de biodiversidade continuará a aumentar, com consequências de grande alcance para os ecossistemas, as economias e as sociedades de todo o mundo.

Face a esta crise, é imperativo que trabalhemos em conjunto para resolver as causas profundas das alterações climáticas e proteger a rica tapeçaria de vida do planeta. Ao preservar e restaurar habitats, reduzir a nossa pegada de carbono e apoiar os esforços de conservação, podemos salvaguardar a biodiversidade para as gerações futuras e garantir um planeta mais saudável e resistente para todos.

7.2 Perda de habitat:

A perda de habitat é uma das consequências mais visíveis e devastadoras das alterações climáticas, uma vez que o aumento das temperaturas e a alteração dos padrões de precipitação remodelam as paisagens e prejudicam o delicado equilíbrio dos ecossistemas em todo o mundo. Este fenómeno é particularmente acentuado em regiões como a floresta amazónica e o Ártico, onde os impactos das alterações climáticas estão a alterar drasticamente os habitats e a ameaçar a sobrevivência de inúmeras espécies.

Na floresta amazónica, frequentemente referida como os "pulmões da Terra", a desflorestação e as secas estão a provocar uma perda e degradação generalizadas do habitat. A combinação da exploração madeireira desenfreada, da expansão agrícola e das mudanças nos padrões de precipitação induzidas pelo clima resultou na destruição da floresta em grande escala, fragmentando habitats outrora contíguos e perturbando processos ecológicos críticos. Como resultado, espécies icónicas como as onças-pintadas, as preguiças e inúmeras outras estão a perder as suas casas e a enfrentar ameaças acrescidas de extinção. Estas criaturas magníficas, adaptadas de forma única ao ambiente luxuriante e biodiverso da floresta tropical, estão a lutar para lidar com o ritmo acelerado das alterações ambientais, colocando em risco a sua sobrevivência a longo prazo.

Entretanto, no Ártico, o degelo do permafrost está a provocar o colapso dos ecossistemas da tundra, levando a uma perda e fragmentação generalizadas do habitat. O permafrost, solo congelado que armazena grandes quantidades de carbono e constitui um habitat essencial para um vasto leque de espécies, está a derreter rapidamente à medida que as temperaturas sobem, provocando deslizamentos de terras, subsidência e a formação de lagos termocársicos. Estas alterações são particularmente preocupantes para as espécies adaptadas a condições de frio e neve, como o caribu, a raposa do Ártico e as aves migratórias, que dependem de habitats de tundra intactos para reprodução, alimentação e abrigo. À medida que a paisagem do Ártico se transforma rapidamente, estas espécies enfrentam desafios sem precedentes na sua luta pela sobrevivência num ambiente cada vez mais incerto.

A perda de habitat devido às alterações climáticas não constitui apenas uma ameaça para as espécies individuais, mas também para a integridade e a resiliência de ecossistemas inteiros. Com o desaparecimento dos habitats e o declínio das espécies, os processos ecológicos são perturbados, provocando efeitos em cascata em toda a cadeia alimentar e diminuindo a saúde e o funcionamento globais dos ecossistemas. Além disso, a perda de habitat agrava as ameaças existentes, como a fragmentação dos habitats, as espécies invasoras e os conflitos entre humanos e animais selvagens, agravando ainda mais os desafios enfrentados pelas espécies vulneráveis.

A resolução do problema da perda e degradação dos habitats devido às alterações climáticas exige uma ação urgente e concertada, tanto a nível local como global. Os esforços para conservar e restaurar habitats, mitigar a desflorestação e promover práticas sustentáveis de gestão dos solos são essenciais para preservar a biodiversidade, manter os serviços dos ecossistemas e garantir um futuro sustentável para toda a vida na Terra. Ao proteger e restaurar habitats, podemos ajudar a mitigar os impactos das alterações climáticas e salvaguardar a rica tapeçaria de vida do planeta para as gerações vindouras

7.3 Perturbação do ecossistema:

As alterações climáticas não estão apenas a alterar os habitats e a biodiversidade, mas também a perturbar processos e interacções ecológicas fundamentais, com consequências de grande alcance para a saúde e o funcionamento de ecossistemas inteiros. Estas perturbações podem ter efeitos em cascata ao longo das cadeias alimentares, pondo em risco a estabilidade e a resiliência dos ecossistemas em todo o mundo.

Um dos aspectos mais preocupantes da perturbação dos ecossistemas devido às alterações climáticas é a alteração de acontecimentos sazonais, como os padrões de floração e migração. Muitas espécies dependem de sinais temporais precisos, como a temperatura e a duração do dia, para dar início a eventos-chave do ciclo de vida, como a floração, a reprodução e a migração. No entanto, à medida que as temperaturas aumentam e os padrões climáticos se tornam cada vez mais erráticos, estes sinais temporais podem ficar desalinhados, levando a desfasamentos entre as espécies e os seus recursos.

Por exemplo, as alterações na época da floração podem perturbar o delicado equilíbrio entre as plantas e os seus polinizadores, como as abelhas, as borboletas e as aves. Se as plantas florescerem mais cedo ou mais tarde do que o habitual, os polinizadores podem não encontrar fontes cruciais de néctar e pólen, o que conduz a uma diminuição das populações de polinizadores e a um menor sucesso reprodutivo das plantas. Esta situação pode ter efeitos em cascata em todos os ecossistemas, afectando outras espécies que dependem destas plantas como alimento, abrigo e habitat.

Para além das mudanças no calendário sazonal, as alterações climáticas estão também a alterar os padrões de precipitação, levando a mudanças na disponibilidade e distribuição da água. Em nenhum outro lugar isto é mais evidente do que nos Himalaias, onde o aumento das temperaturas está a afetar a altura e a intensidade das chuvas de monção - uma fonte crucial de água para milhões de pessoas e espécies. As alterações nos padrões das monções podem perturbar os caudais dos rios, alterar os níveis de água e ameaçar os ecossistemas de água doce que proporcionam um habitat essencial para as espécies aquáticas e apoiam a subsistência das comunidades locais.

Além disso, a perturbação dos ecossistemas devido às alterações climáticas pode exacerbar os factores de stress ambiental existentes, como a perda de habitat, a poluição e as espécies invasoras, comprometendo ainda mais a saúde e a resiliência dos ecossistemas. As espécies invasoras, por exemplo, podem desenvolver-se com temperaturas mais quentes e competir com as espécies autóctones pelos recursos, conduzindo a uma diminuição da biodiversidade e da função dos ecossistemas.

A resolução das perturbações dos ecossistemas devidas às alterações climáticas exige abordagens de gestão holísticas e adaptativas que tenham em conta as interacções complexas entre espécies, habitats e factores ambientais. Os esforços de conservação centrados na preservação da conetividade dos habitats, na recuperação de ecossistemas degradados e na promoção da conservação da biodiversidade podem ajudar a aumentar a resiliência dos ecossistemas e a atenuar os impactes das alterações climáticas. Além disso, as políticas destinadas a reduzir as emissões de gases com efeito de estufa e a atenuar as alterações climáticas são essenciais para proteger os ecossistemas e salvaguardar os serviços que estes prestam à humanidade. Ao trabalharmos em conjunto para combater a perturbação dos ecossistemas, podemos ajudar a garantir a saúde e a vitalidade dos ecossistemas para o presente e o futuro

7.4 Estudos de caso:

Ao longo deste capítulo, aprofundamos estudos de caso de várias regiões do mundo que ilustram de forma vívida os impactos ecológicos das alterações climáticas na vida selvagem e nas paisagens naturais. Estes estudos de caso fornecem exemplos tangíveis dos desafios enfrentados pelos ecossistemas e espécies na sequência de um planeta em aquecimento, sublinhando a necessidade urgente de ação para enfrentar as alterações climáticas e proteger a biodiversidade.

Um desses casos de estudo leva-nos à Grande Barreira de Coral, Património Mundial da UNESCO e um dos ecossistemas com maior biodiversidade do planeta. Nos últimos anos, o aumento da temperatura dos oceanos desencadeou fenómenos generalizados de branqueamento dos corais, fazendo com que estes expelissem as algas que lhes dão as suas cores vibrantes e lhes fornecem nutrientes essenciais. O branqueamento dos recifes de coral não só ameaça a sobrevivência de inúmeras espécies marinhas que dependem destes ecossistemas para se alimentarem e se abrigarem, como também põe em risco a subsistência de milhões de pessoas que dependem das indústrias associadas aos recifes, como o turismo e as pescas, para o seu rendimento e sustento.

Na América do Norte, a icónica borboleta monarca é outro exemplo pungente dos impactos ecológicos das alterações climáticas. Todos os anos, milhões de borboletas-monarca empreendem uma extraordinária viagem de migração que se estende por milhares de quilómetros desde os seus locais de reprodução de verão nos Estados Unidos e no Canadá até aos seus locais de invernada no México. No entanto, a perda de habitat, a utilização de pesticidas e as alterações climáticas têm afetado as populações de monarcas, conduzindo a declínios significativos nos últimos anos. O aumento das temperaturas perturba o delicado equilíbrio entre a erva-leiteira - a única planta hospedeira das lagartas monarcas - e o momento da migração das monarcas, tornando cada vez mais difícil para estes majestosos insectos completarem o seu ciclo de vida e manterem números populacionais saudáveis.

Estes estudos de caso, juntamente com inúmeros outros de todo o mundo, sublinham a necessidade urgente de ação para enfrentar as alterações climáticas e proteger a biodiversidade. Os impactos ecológicos de um planeta em aquecimento são profundos e de longo alcance, com implicações para os ecossistemas, espécies e sociedades humanas em todo o mundo. Ao compreender as consequências ecológicas das alterações climáticas e ao tomar medidas decisivas para atenuar os seus impactos, podemos trabalhar para um futuro em que a biodiversidade prospere, os ecossistemas sejam resistentes e as paisagens naturais sejam preservadas para as gerações vindouras.

Capítulo 8: Conclusão

Epílogo: Rumo a um amanhã mais fresco

Ao despedirmo-nos das nossas personagens e ao encerrarmos o capítulo de "As Crónicas do Calor", ficamos com uma sensação de trepidação e de esperança. A viagem em que embarcámos juntos revelou as duras realidades de um planeta em crise, onde o aumento da temperatura lança uma longa sombra sobre o futuro da humanidade e do mundo natural. No entanto, no meio do caos e da incerteza, há também um vislumbre de esperança - uma centelha de possibilidade que nos incita a prosseguir, sem nos deixarmos intimidar pelos desafios que temos pela frente.

O caminho para um amanhã mais fresco não é fácil. Está repleto de desafios, obstáculos e contratempos. Mas também está repleto de oportunidades - a oportunidade de reimaginar a nossa relação com o planeta e forjar um futuro mais sustentável para as gerações vindouras. É uma jornada que requer coragem, determinação e compromisso inabalável de cada um de nós.

Ao olharmos para o futuro, temos de ter em conta as lições aprendidas com "The Heat Chronicles" e tomar medidas decisivas para resolver as causas profundas das alterações climáticas. Isto significa reduzir a nossa dependência dos combustíveis fósseis, fazer a transição para fontes de energia renováveis, proteger e restaurar os ecossistemas e construir comunidades resistentes que possam suportar os impactos de um clima em mudança. Significa defender políticas e iniciativas que dêem prioridade à sustentabilidade ambiental, à justiça social e à equidade para todos. Embora o caminho possa ser longo e árduo, uma coisa é certa: o momento de agir é agora. Não podemos dar-nos ao luxo de esperar que outros assumam a liderança ou que a crise se agrave antes de agirmos. Temos de atuar com urgência, antes que o aumento da temperatura nos consuma a todos.

Ao despedirmo-nos, levemos connosco as lições aprendidas com "The Heat Chronicles" e a inspiração para criarmos um mundo melhor para nós próprios e para as gerações futuras. Juntos, podemos inverter a maré das alterações climáticas e construir um futuro mais fresco e sustentável para todos.

Referências

- Abarca, S. F., Corbosiero, K. L., & Galarneau, T. J. (2010). Uma avaliação da rede mundial de localização de relâmpagos (WWLLN) usando a rede nacional de deteção de relâmpagos (NLDN) como verdade terrestre. *Journal of Geophysical Research*, 115(D18), D18206. https://doi.org/10.1029/2009JD013411

- Abatzoglou, J. T., Juang, C. S., Williams, A. P., Kolden, C. A., & Westerling, A. L. (2021). Aumento do perigo de incêndio síncrono nas florestas do oeste dos Estados Unidos. *Geophysical Research Letters*, 48(2). https://doi.org/10.1029/2020GL091377

- Abatzoglou, J. T., & Kolden, C. A. (2013). Relações entre clima e área queimada em macroescala no oeste dos Estados Unidos. *International Journal of Wildland Fire*, 22(7), 1003. https://doi.org/10.1071/WF13019

- Abatzoglou, J. T., Kolden, C. A., Balch, J. K., & Bradley, B. A. (2016). Controles sobre a variabilidade interanual na atividade de incêndio causada por raios no oeste dos EUA. *Environmental Research Letters*, 11(4), 045005. https://doi.org/10.1088/1748-9326/11/4/045005

- Abatzoglou, J. T., & Williams, A. P. (2016). Impacto das alterações climáticas antropogénicas nos incêndios florestais nas florestas do oeste dos EUA. *Actas da Academia Nacional das Ciências*, 113(42), 11770-11775. https://doi.org/10.1073/pnas.1607171113

- Abatzoglou, J. T., Williams, A. P., & Barbero, R. (2019). Emergência global de mudanças climáticas antropogênicas nos índices climáticos de incêndio. *Geophysical Research Letters*, 46(1), 326-336. https://doi.org/10.1029/2018GL080959

- Abatzoglou, J. T., Williams, A. P., Boschetti, L., Zubkova, M., & Kolden, C. A. (2018). Padrões globais de relações interanuais entre clima e fogo. *Global Change Biology*, 24(11), 5164-5175. https://doi.org/10.1111/gcb.14405

- Abram, N. J., Henley, B. J., Sen Gupta, A., Lippmann, T. J. R., Clarke, H., Dowdy, A. J., et al. (2021). Conexões das mudanças climáticas e variabilidade com incêndios florestais grandes e extremos no sudeste da Austrália. *Comunicações Terra e Ambiente*, 2(1), 8. https://doi.org/10.1038/s43247-020-00065-8

- Aguiar, D. A., Rudorff, B. F. T., Silva, W. F., Adami, M., & Mello, M. P. (2011). Imagens de sensoriamento remoto em apoio a protocolo ambiental: Monitoramento da colheita de cana-de-açúcar no Estado de São Paulo, Brasil. *Remote Sensing*, 3(12), 2682-2703. https://doi.org/10.3390/rs3122682

- Aldersley, A., Murray, S. J., & Cornell, S. E. (2011). Análise global e regional das causas climáticas e humanas dos incêndios florestais. *The Science of the Total Environment*, 409(18), 3472-3481. https://doi.org/10.1016/j.scitotenv.2011.05.032

- Alencar, A. A., Brando, P. M., Asner, G. P., & Putz, F. E. (2015). Fragmentação da paisagem, seca severa e o novo regime de incêndios florestais na Amazônia. *Ecological Applications*, 25(6), 1493-1505. https://doi.org/10.1890/14-1528.1

- Alencar, A. A. C., Solórzano, L. A., & Nepstad, D. C. (2004). Modelagem de incêndios em sub-bosque de floresta em uma paisagem da Amazônia Oriental. *Ecological Applications*, 14(sp4), 139-149. https://doi.org/10.1890/01-6029

• Allen, C. D., Savage, M., Falk, D. A., Suckling, K. F., Swetnam, T. W., Schulke, T., et al. (2002). Restauração ecológica dos ecossistemas de pinheiros ponderosa do sudoeste: Uma perspetiva alargada. *Ecological Applications*, 12(5), 1418-1433. https://doi.org/10.1890/1051-0761(2002)012[1418:EROSPP]2.0.CO;2

• Altaratz, O., Koren, I., Yair, Y., & Price, C. (2010). Resposta dos raios ao fumo dos incêndios na Amazónia: Lightning and smoke from Amazonian fires (Relâmpagos e fumaça de queimadas na Amazônia). *Geophysical Research Letters*, 37(7). https://doi.org/10.1029/2010GL042679

• Alvarado, S. T., Andela, N., Silva, T. S. F., & Archibald, S. (2020). Os limiares de resposta do fogo à humidade e à carga de combustível diferem entre savanas tropicais e pradarias em todos os continentes. *Global Ecology and Biogeography*, 29(2), 331-344. https://doi.org/10.1111/geb.13034

• Amatulli, G., Peréz-Cabello, F., & de la Riva, J. (2007). Mapeamento da ocorrência de incêndios florestais causados por raios e pelo homem sob incerteza de localização do ponto de ignição. *Ecological Modelling*, 200(3-4), 321-333. https://doi.org/10.1016/j.ecolmodel.2006.08.001

• Amiro, B. D., Logan, K. A., Wotton, B. M., Flannigan, M. D., Todd, J. B., Stocks, B. J., & Martell, D. L. (2004). Componentes do sistema de índices meteorológicos de incêndios para grandes incêndios na floresta boreal canadiana. *International Journal of Wildland Fire*, 13(4), 391. https://doi.org/10.1071/WF03066

- Andela, N., Morton, D. C., Giglio, L., Chen, Y., van der Werf, G. R., Kasibhatla, P. S., et al. (2017). Um declínio impulsionado pelo homem na área queimada global. *Science*, 356(6345), 1356-1362. https://doi.org/10.1126/science.aal4108

- Andela, N., Morton, D. C., Giglio, L., Paugam, R., Chen, Y., Hantson, S., et al. (2019). O Atlas Global do Fogo de tamanho, duração, velocidade e direção do fogo individual. *Earth System Science Data*, 24(2), 529-552. https://doi.org/10.5194/essd-11-529-2019

- Andela, N., & van der Werf, G. R. (2014). Recent trends in African fires driven by cropland expansion and El Niño to La Niña transition. *Nature Climate Change*, 4(9), 791-795. https://doi.org/10.1038/nclimate2313

- Aragão, L. E. O. C., Anderson, L. O., Fonseca, M. G., Rosan, T. M., Vedovato, L. B., Wagner, F. H., et al. (2018). Incêndios relacionados à seca do século 21 neutralizam o declínio das emissões de carbono do desmatamento da Amazônia. *Nature Communications*, 9(1), 536. https://doi.org/10.1038/s41467-017-02771-y

More
Books!

info@omniscriptum.com
www.omniscriptum.com
OMNIScriptum

Printed by Books on Demand GmbH, Norderstedt / Germany